T0122093

essentials

essentials liefern aktuelles Wissen in konzentrierter Form. Die Essenz dessen, worauf es als „State-of-the-Art" in der gegenwärtigen Fachdiskussion oder in der Praxis ankommt. *essentials* informieren schnell, unkompliziert und verständlich

- als Einführung in ein aktuelles Thema aus Ihrem Fachgebiet
- als Einstieg in ein für Sie noch unbekanntes Themenfeld
- als Einblick, um zum Thema mitreden zu können

Die Bücher in elektronischer und gedruckter Form bringen das Expertenwissen von Springer-Fachautoren kompakt zur Darstellung. Sie sind besonders für die Nutzung als eBook auf Tablet-PCs, eBook-Readern und Smartphones geeignet. *essentials:* Wissensbausteine aus den Wirtschafts-, Sozial- und Geisteswissenschaften, aus Technik und Naturwissenschaften sowie aus Medizin, Psychologie und Gesundheitsberufen. Von renommierten Autoren aller Springer-Verlagsmarken.

Weitere Bände in der Reihe http://www.springer.com/series/13088

Konrad Micksch

Vorbereitung und Durchführung von Bauabnahmen

Schnelleinstieg für Architekten und Bauingenieure

 Springer Vieweg

Konrad Micksch
Berlin, Deutschland

ISSN 2197-6708   ISSN 2197-6716   (electronic)
essentials
ISBN 978-3-658-23798-1   ISBN 978-3-658-23799-8   (eBook)
https://doi.org/10.1007/978-3-658-23799-8

Die Deutsche Nationalbibliothek verzeichnet diese Publikation in der Deutschen Nationalbibliografie; detaillierte bibliografische Daten sind im Internet über http://dnb.d-nb.de abrufbar.

Springer Vieweg
© Springer Fachmedien Wiesbaden GmbH, ein Teil von Springer Nature 2018
Springer Vieweg ist ein Imprint der eingetragenen Gesellschaft Springer Fachmedien Wiesbaden GmbH und ist ein Teil von Springer Nature
Die Anschrift der Gesellschaft ist: Abraham-Lincoln-Str. 46, 65189 Wiesbaden, Germany

Was Sie in diesem *essential* finden können

- Kurz gefasste Anforderungen an Bau- und Anlagenabnahmen
- Schnelle Übersicht der zur Abnahme erforderlichen Dokumente
- Checklisten und Musterformulare als kompakte übersichtliche Hilfe bei der organisatorischen und technischen Abnahme-Vorbereitung
- Vertragsrechtliche Bedingungen für die Abnahme nach aktuellem BGB ab 1.1.2018 und VOB/B
- Arten und Wirkungen von Mängeln und Abnahmen
- Anforderungen an die Vorbereitung und Durchführung von Abnahmen, die auch im Ausland zu beachten sind, wenn man die speziellen deutschen Regeln mit dem ausländischen Recht vergleicht
- Hinweise auf typische Störungen und Mängel vor der Abnahme der Bau- und Anlagenbauleistungen

Vorwort

Die Abnahme der Bauleistungen ist für Bauherren, Architekten, Bau- und Prüfingenieure, Bauleiter, Baubehörden, Fachbauleiter und die Verantwortlichen der ausführenden Unternehmen der wesentlichste Schritt bei der Abwicklung von Bauvorhaben.

Die Erfahrung zeigt, dass die erfolgreiche Abnahme, der Gefahrenübergang auf den Besteller und die Auslösung der Zahlung von der Erfüllung vieler Forderungen vor und während der Ausführung abhängig sind.

Dabei wirken viele unterschiedliche Beteiligte und vielfältige Faktoren, die es rechtzeitig zu beachten und zu prüfen sind. Diese werden im vorliegenden *essential* für Bau- und Anlagenbauleistungen, Elektro-, Heizung-, Lüftung- und Sanitärleistungen beispielhaft dargestellt. Da die Leistungen der verschiedenen Gewerke immer mehr verflochten werden, gilt es, die zum Nachweis der Funktionsfähigkeit notwendigen Schnittstellen zwischen den Leistungen der verschiedenen Gewerke besonders zu beachten und die dabei erforderliche Dokumentation vorzubereiten.

Auch wenn jede Abnahmeleistung anders ist, gibt es grundlegende Forderungen, deren Erfüllung rechtzeitig zu prüfen ist. Dem dienen die beigefügten komprimierten Checks und Muster, die den jeweiligen Randbedingungen angepasst werden können.

Ausführlich werden die aktuell gültigen Rechtsnormen bei den einzelnen Abnahmeschritten und -situationen behandelt. Besonders wichtig sind die für Abnahmen zutreffenden Paragraphen des BGB, die seit dem 01.01.2018 gelten.

Konrad Micksch

Inhaltsverzeichnis

Vorbereitung 1

1.1 Organisatorische Vorbereitung

1.1.1 Vertrag

Grundlage der organisatorischen Vorbereitung der Abnahme ist stets der abgeschlossene Vertrag unter besonderer Berücksichtigung folgender Punkte:

- Welche Vertragsart liegt vor?
  - BGB-Vertrag mit der Gültigkeit vor oder nach 01.01.2018, ist es ein Werk-, Verbraucher-, Bau- oder Bauträgervertrag mit vielen Änderungen für die Abwicklung von Abnahmen
  - VOB/B-Vertrag, als Verpflichtung bei VOB/A-Vergaben mit der festgelegten Reihenfolge der Gültigkeit bei Widersprüchen
  - Leistungsbeschreibung
  - besondere Vertragsbedingungen
  - etwaige zusätzliche Vertragsbedingungen
  - etwaige zusätzliche technische Vertragsbedingungen
  - allgemeine technische Vertragsbedingungen für Bauleistungen-VOB/C
  - allgemeine Vertragsbedingungen für die Ausführung von Bauleistungen-VOB/B
  - sonstige Vertragsarten, ausländisches Recht, Individualvereinbarung o. a.
- Wie wurden die Leistungen nach Art-, Umfang-, Preisen, Eigenschaften und Vergütung definiert?
- Welche besonderen Eigenschaften sollten die Ergebnisse aufweisen und wie sollten diese nachgewiesen werden?

© Springer Fachmedien Wiesbaden GmbH, ein Teil von Springer Nature 2018
K. Micksch, *Vorbereitung und Durchführung von Bauabnahmen,* essentials,
https://doi.org/10.1007/978-3-658-23799-8_1

- Welche Mitwirkungspflichten des Auftraggebers waren zu realisieren?
- Welche personellen, materialseitigen, energetischen und betriebsmittelseitigen Kapazitäten sind von welcher Seite bereitzustellen?
- Welche Dokumente und Nachweise sind zur Abnahme vorzulegen?
- Welche Tests, Funktionsnachweise, Probebetriebe sind erforderlich?
- Welche Vereinbarungen bestehen für die Übernahme von Folgeleistungen, Wartung, Kontrolle, Ausbildung und Ersatzteilversorgung?
- Welche besonders definierten Aufgabenstellungen sind im Vertrag für den Nachweis der vereinbarten Nutzungsfähigkeit und die Kontrollmöglichkeiten der Mängelfreiheit des Bestellers enthalten?

Enthält der Vertrag keine der aufgeführten Punkte, sollten in Vorbereitung der Abnahme entsprechende Abstimmungen erfolgen und zwischen Besteller und Unternehmen protokolliert werden. Liegen andere Vertragsarten zugrunde, können die hier genannten Kriterien als Kontrollmöglichkeit genutzt werden.

1.1.2 Vorhabenstruktur

Die Vorhabenstruktur übt einen wesentlichen Einfluss auf die Abwicklung und Gestaltung von Abnahmen aus, was bei der Vorbereitung und der Kalkulation zu beachten ist.

- Punktbaustellen, wie z. B. Gebäude und Werkstätten, erlauben eine konzentrierte Abwicklung der Abnahmen, weil alle notwendigen Versorgungsanlagen und Schnittstellen unmittelbar erreichbar sind und auch die Wirkungen der abzunehmenden Leistungen in der Nähe feststellbar sind.
- Linienbaustellen, wie Bahn-, Fernstraßenanlagen und Pipeline-Objekte, erfordern die Abnahme von Leistungen, die sich auf großen Entfernungen befinden und wo der Nachweis der mängelfreien Fertigstellung einen großen Zeitaufwand erfordert.
- Flächenbaustellen, insbesondere im Siedlungsbau, sind durch die Abnahme vieler Einzelobjekte und gleichzeitig großflächiger Ver- und Entsorgungsnetze charakterisiert, was bei der organisatorischen und technischen Vorbereitung zu beachten ist.

1.1.3 Abnahmearten

Je nach Vertragsart ergeben sich verschiedene Abnahmearten:

- Nach BGB § 640 (1) ist der Besteller verpflichtet, das vertragsgemäß hergestellte Werk abzunehmen. Dabei ist die förmliche und zu protokollierende Abnahme üblich, wenn nicht vom Besteller die Vollendung der Abnahme nach § 646 erfolgt.
- Als abgenommen gilt ein Werk nach BGB § 640 (2) auch, wenn der Unternehmer dem Besteller nach Fertigstellung des Werks eine angemessene Frist gesetzt hat und der Besteller die Abnahme nicht innerhalb dieser Frist unter Angabe mindestens eines Mangels die Abnahme verweigert hat.
- Verweigert der Besteller die Abnahme unter Angabe von Mängeln, hat er auf Verlangen des Unternehmens nach BGB § 650 g an einer gemeinsamen Feststellung des Zustands des Werkes mitzuwirken Das Resultat ist von beiden Seiten zu unterzeichnen.
- Bleibt der Besteller einem Termin der Zustandsfeststellung fern, kann der Unternehmer eine einseitige Feststellung treffen und dem Besteller übergeben.
- Nach VOB/B § 12 (4) erfolgt die übliche förmliche Abnahme auf Einladung des Unternehmers innerhalb von 12 Werktagen oder einer anderen vertraglich vereinbarten Frist. Sie kann auch in Abwesenheit des Auftragnehmers erfolgen, der den Befund schriftlich mitgeteilt bekommt.
- Nach § 12 (5).1 erfolgt die fiktive Abnahme, wenn sie nicht vertraglich ausdrücklich ausgeschlossen ist. Diese Abnahme wird 12 Werktage nach Eingang der schriftlichen Fertigmeldung wirksam,
- Wird keine Abnahme verlangt und hat der Auftraggeber die Leistung oder einen Teil der Leistung in Benutzung genommen, so gilt nach VOB/B § 12 (5).2 die Abnahme nach Ablauf von 6 Werktagen nach Beginn der Benutzung als erfolgt, wenn nichts anderes vereinbart wurde. Die Benutzung von Teilen einer Anlage zur Weiterführung der Arbeiten gilt nicht als Abnahme.
- Nach VOB/B § 12 (2) sind auf Verlangen in sich abgeschlossene Teile der Leistung besonders abzunehmen.
- Ist der Besteller ein Verbraucher, dann gilt nach BGB § 640 (2)[2] die fiktive Abnahme nur dann, wenn der Unternehmer den Besteller zusammen mit der Aufforderung zur Abnahme auf die Folgen einer nicht erklärten oder ohne Angabe von Mängeln verweigerter Abnahme in Textform hingewiesen hat.

1.1.4 Einladung

Vor der Einladung zur Abnahme erfolgt oft die Fertigmeldung der Leistungen, damit sich der Auftraggeber rechtzeitig vorbereiten kann, da oft Mitwirkungshandlungen erforderlich werden. Schließlich wird er unmittelbar danach zur Übernahme der Leistungen eingeladen. Je nach Art und Umfang der Leistungen sind in der Einladung anzugeben:

*   Vertragsbasis, erfolgte Korrekturen vom …Vertragsstand vom …
*   Leistungsart gemäß Leistungsverzeichnis/Leistungsbeschreibung vom …
*   Ort, Terminvorschlag mit Ausweichlösung, genauer Treffpunkt
*   Ablauf, Dauer, besondere Zeitpunkte für Tests, Probebetriebe
*   Entscheidungsbefugter Vertreter des Auftraggebers als Adressat
*   Verteiler mit Nennung beteiligter Behörden, Kooperationspartner, Mitwirkender
*   Aufforderung zur Bestätigung des Erhaltes der Einladung und der Teilnahme innerhalb von spätestens 10 Arbeitstagen

Erfolgt keine Antwort oder wird die Teilnahme abgelehnt, sind sofort Mahnung und die Einleitung rechtlicher Schritte je nach Vertragsart einzuleiten.

1.1.5 Persönliche Vorbereitung

Mit der Abnahmehandlung werden sehr wesentliche Entscheidungen getroffen, auf die sich die Beteiligten auf unterschiedliche Weise vorbereiten und auf für sie günstige Lösungen ausrichten/prüfen. Das fordert vom verantwortlichen Bauleiter, sich persönlich auf die Verhandlung der Abnahme vorzubereiten. Dazu gehört:

*   Es ist durchgängig auf eine gute Atmosphäre zu achten und diese zu sichern. Dazu gehört ein ruhiger Raum, eine freundliche Begrüßung, auch wenn es zuvor Konflikte gab.
*   In den Vordergrund sind die Wünsche und Ziele des späteren Nutzers zu stellen, die mit sachlichen und fairen Fragen zu präzisieren sind. Dazu sind einleuchtende Antworten vorzubereiten, indem man eine Situations- und Problemanalyse rechtzeitig vornimmt. Je besser die spätere Nutzung im Vordergrund steht, umso weniger verlieren sich die Teilnehmer in unwesentlichen Feststellungen.

- Bereiten Sie sich auf die Begründung Ihrer Lösungen, Nutzen und Vorteile gegenüber anderen Möglichkeiten vor. Sie sollten die Effizienz, Sicherheit, Nützlichkeit, Modernität gegenüber anderen Lösungen, Nachhaltigkeit, Anpassbarkeit an zukünftige Nutzung u. a. begründen können.
- Auch auf unfaire Taktiken sollte man vorbereitet sein, nie Personen, sondern nur Sachen freundlich, verbessernd kritisieren, „ja-aber"-Antworten auf Augenhöhe führen, auf Provokationen nicht eingehen! Beherrscht und ruhig die Sache in den Mittelpunkt stellen

1.2   Technische Vorbereitung

1.2.1   Ausführungsdokumentation

Allgemein
Der Nachweis, dass die Leistungen mit den von dem Planer erarbeiteten, vom Auftraggeber und der Baubehörde bestätigten Ausführungsunterlagen übereinstimmen, ist eine grundlegende Voraussetzung für die Abnahme. Schwerpunkte dabei sind:

- Übereinstimmung der Unterlagen und der vertraglich definierten Nutzungen mit dem Bestand an Ausführungsunterlagen und den dort nachgewiesenen und im Vertrag geforderten Nutzungseigenschaften.
- Nachweis der Aktualisierung der Ausführungsunterlagen, ggf. als bestätigte handrevidierte Zeichnungen, Leistungsverzeichnisse, Leistungsbeschreibungen, Lagepläne, Stücklisten u. ä.
- Werkzeugnis der ausführenden Firma, ggf. mit Fachbauleitererklärungen zur Einhaltung der allgemein anerkannten Regeln der Technik und der behördlichen Auflagen zu Sicherheits-, Schall-, Gesundheits-, Arbeits-, Brand-, Umwelt-, Natur- und ggf. Denkmalschutz
- Bedienungs-, Wartungs- und Instandsetzungsvorschriften
- Ersatz- und Verschleißteillisten mit Liefernachweis im Garantiezeitraum
- Nachweis der erfolgreichen Einweisung des Bedienungs- und Wartungspersonals
- Abnahmeablaufplan mit Tests, Funktionsnachweisen und Probebetrieb
- Vorlage des Sicherheits- und Gesundheitsschutz-Dokuments für spätere Arbeiten.
- Bauakten mit Bautagebuch, Aufmaßen, Protokollen

Bauleistungen

Im Vordergrund der Nachweise für Bauleistungen stehen folgende Dokumente:

*   Baugrundgutachten, Bodenart, -gruppe, Standfestigkeitsnachweis, Proctor, Lagepläne erdverlegter Leitungen mit Umhüllung, Anlagen und Fundamente, Maßnahmen zur Sicherung der Tragfähigkeit der Objekte und Nachbarbauten. Ist ein Baugrundgutachten mangelhaft, kann es zu umfangreichen Maßnahmen zur Verfestigung des Untergrunds für größere Bauten kommen. Beispiele zeigen, dass sich ein Bauvorhaben dadurch sehr verzögern kann (siehe Abb. 1.1).
*   BI, BII/B25, B35-Beton-Qualitätsnachweise, Wasserzementwert, Würfelprotokoll, Siebkennlinie, Luftgehalt, Güteüberwachung, Dokumentation der Bewehrung, wasserundurchlässiger, hoch frostfester, unterwassernutzbarer Beton, Beton mit hohem Tausalzwiderstand, hohen Gebrauchstemperaturen > 250 °C, hohem Verschleißwiderstand, mit hohem Widerstand gegen chemische Angriffe, Nachweis der Arbeitsfugen
*   Protokolle des Prüfstatikers mit den bestätigten Statikerberechnungen für Beton-, Stahl- und Holzkonstruktionen, Fundamente, Decken- und Flächenlasten, Bewehrungsgestaltung, Vibration und Umwelteinfluss

Abb. 1.1 Bodenverfestigung mittels Rüttelstopfpfählen. (Quelle: Autor)

- Überwachungs- und Prüfzertifikate für Beton-, Stahl-, Holzelemente, Fertig-teile, Einbauten, Materialien, Bau- und Hilfsstoffe, Nachweis des Korrosions-schutzes gelieferter Anlagenteile einschließlich des Brandschutzes tragender Elemente
- Nachweis der Einhaltung der vertraglich vereinbarten Raumeigenschaften mit Flächen- und Höhenangaben im Fertigzustand, Wärmedämmung, Dichtheit, Wärme- und Feuchteschutz der Räume, Eigenschaften nach Vertrag, Raum-buch, Pflichtenheft u. a.
- Nachweis der Qualität des Korrosionsschutzes, insbesondere tragender Stahl-teile mit Säuberungsgrad, Grundierung und Deckanstrichdicke
- Atteste für Funktionsnachweise zu säurefesten, rutschsicheren, hitze-beständigen, antistatischen o. a. Flächen und Bauteilen
- Nachweise gemäß Produktenrichtlinie, Konformitätserklärungen
- Nachweis der ausreichenden Regenentwässerung

Elektrotechnik
An dieser Stelle können wegen der Vielfalt nur Beispiele genannt werden:

- Vermessene Lagepläne für Kabel, Leitungen, Schalt-, Verteilungsanlagen, Freigabemeldungen für Kabel, Leitungen, Schalt-, Übertragungs- und Umspannungsanlagen einschließlich der Fundamente
- Herstellerbescheinigungen, CE-, GS-Nachweis, amtliche Zulassungen, Prüf- und Liefernachweise, Prüfprotokolle für Anlagen zu Isolations- Erdungs-, Spannungs- und Frequenzmessung,
- Funktionsnachweis der Sicherheits-, Überwachungs-, Alarmierungs- und der Industrie- und Gebäude-Steuerungsanlagen für Industrie- und Haustechnik
- Unterlagen zu Smart home, Smart metering und sonstigen Energie- und Kommunikationsanlagen
- Dokumentation zu Blitz-, Überstrom-, Überspannungs-, Explosionsschutz
- Beschreibung der Nutzung erneuerbarer Energien, Fotovoltaik- und Wind-anlagen, Speicher, Brennstoffzellen, Ladeeinrichtungen für Elektro- oder Hybrid-Fahrzeuge
- Ausweis von Schutzbereichen

Heizung, Lüftung, Sanitär
Im Vordergrund stehen folgende Dokumente

- Lagepläne für Leitungen, Armaturen und Aggregate, Protokolle der Druck-
  prüfungen, Reinigungs- und Spülprotokolle, Dichtheitstests, Verbrauchstest
  für das Heizmedium nach EnEV, EEWärmeG und zutreffenden DIN
- Protokolle zum Nachweis der Erreichung der vertraglich vereinbarten Hei-
  zungs-, Warmwasser-, Zu- und Abluft-, Be- und Entwässerungs- sowie
  Kühl-Leistungsangaben und der Parameter für Wärme, Kühlung, Luftquali-
  tät- und -geschwindigkeit, Wassertemperaturen, Ergebnisse von Tests und
  Funktionsnachweisen bezogener Geräte, hydraulischer Abgleich
- Herstellerbescheinigungen,   Überwachungszeichen,   Qualitätsnachweise,
  Funktionsnachweis der Steuerung und Regelung, Nachweis der Ersatz- und
  Verschleißteile- Lieferbarkeit
- Ausweis der Wärmerückgewinnungs- und der Wärmetauschergeräte, der
  Anlagen zur Kraft-Wärmkopplung, Wärmepumpen mit Kollektoren, Solar-
  thermische Anlagen
- Nachweis der Brennstoffversorgung

Brandschutz
Folgende allgemeine Forderungen sollten erfüllt sein:

- Nachweis einer nutzbaren und vorschriftsmäßig gekennzeichneten Feuerwehr-
  zufahrt
- Ausreichende, richtig positionierte Feuerlöscher, Lösch- und Rettungsmittel,
  Fluchtpläne, Piktogramme zur Fluchtwegkennzeichnung, Verbote zur Lage-
  rung brennbarer Stoffe
- Dokumentation zu Sicherheitsbeleuchtung, Rauch- und Brandmeldung,
  Betätigungsorgane, RWA, Brandschutzklappen, Brandschutztüren, Brandgas-
  Ventilatoren, Sprinkleranlagen
- Nachweis der sicheren Lagerung von Brennstoffen, leicht entzündlichen Stof-
  fen, Gasen, Plasten u. a.
- Nachweis der gesicherten Einrichtung von Schweiß- und Lötwerkstätten
- Nachweis der Abstimmung des Brandschutzkonzeptes mit der Feuerwehr der
  Region

1.2.2   Tests, Funktionsnachweis, Probebetrieb

Zum Nachweis der Erfüllung der Abnahmebedingungen gehören die Ergebnisse
aus Tests, Funktionsproben und bei vielen Anlagen ein Probebetrieb.

Im **Test-Protokoll** ist darzustellen:

- Genaue Bezeichnung des Gerätes, Funktion und Wirkungsweise, Einsatzgebiet
- Erreichbare Parameter, Soll- und Ist-Werte, Eignungsnachweis, mögliche Gefährdungen bei dem Test
- Test-Ablauf
- Hersteller, Gewährleistung
- Montagefirma, Prüfverantwortlicher, Datum,

Protokolle der **Funktionsnachweise** von Anlagen haben zu enthalten:

- Hersteller, Lieferer, Lieferdatum, Gewährleistung, Prüfverantwortlicher
- Nachweis der Freigabe der Anlage durch die Verantwortlichen, zuständigen Behörden und die Abnahmekommission, soweit erforderlich
- Vorlage revidierter Ausführungs-, Bedienungs- und Wartungs-Dokumentation
- Nachweis der projektgerechten Fertigstellung der Anlagen
- Beräumung und Reinigung (Spülen, Säuern, Ölen) der Anlage
- Ablaufplan, Termin und Dauer der Funktionsnachweise
- Ergebnisse: kontrollierte Parameter, Messwerte, Mängel, Festlegungen zur Beseitigung

Schwerpunkte für Funktionsnachweise sind:

- Brandmeldung, Alarmeinrichtung, Sicherheitsbeleuchtung, RWA, Brandschutzklappen, Löschgeräte, Sprinkleranlagen, Wassertanks
- Heizungs-, Lüftungs-, Be- und Entwässerungsanlagen
- Überstrom- bzw. Überspannungsschutz, Erdung, Blitzschutz
- Maschinen, Transformatoren, Schalt-, Steuer- und Regelungsanlagen
- Anlagen der erneuerbaren Energien

Für den **Probebetrieb** von Anlagen und Maschinen ist im Protokoll erforderlich:

- Nachweis der erfolgreichen Funktionsproben und der Mängelbeseitigung, Maßblatt der Motor- und Anlagenfundamente, Kennlinien
- Bestätigung der Mitwirkungsbereitschaft des Bestellers
- Einweisungsnachweis des Bedienungs- und Wartungsteams für die Steuerung, Fehlerbeseitigung und Wartung
- Freigabe des Programms und der Parameter durch die zuständigen Behörden bzw. den Besteller

- Nachweis des komplexen Zusammenwirkens, der ordnungsgemäßen Bedien-
  und Steuer- bzw. Regelbarkeit der Anlagen bei unterschiedlicher Belastung
  und über einen längeren Zeitraum ohne Mängel

1.2.3 Ergebnis behördlicher Prüfungen

Für besonders komplexe Anlagen fordern die jeweils zuständigen Behörden
Informationen und eigene Prüfungen durch Prüfingenieure vor der Abnahme und
zur Abnahme oft aktuelle Nachweise.

Dazu gehören zum Beispiel unabhängig von vorherigen Prüfungen

- Für die Statik von Bauleistungen sind der Einsatz von unabhängigen Prüf-
  statikern und die Protokollierung der Ergebnisse notwendig, die bereits bei
  der Rohbauabnahme tätig werden. Dazu gehören auch die Prüfungen der
  Bewehrung vor dem Betonieren. Dabei kann nach Prüfung des Untergrundes
  ein wesentlich stärkeres Fundament und damit eine stärkere Bewehrung
  erforderlich werden (siehe Abb. 1.2).

Abb. 1.2 Bewehrungsprüfung des Prüfstatikers vor dem Betonieren. (Quelle: Autor)

- Bei möglicher Beeinträchtigung der Umwelt ist der Einsatz von Gutachtern des Umweltamtes, der unteren Naturschutzbehörde oder des Wasserwirtschaftsamtes zur Abwendung von Schäden für das Grundwasser, den Wald oder die Luft und die Natur bzw. die schriftliche Zulassung der geplanten Nutzung erforderlich.

- Bei Brücken-, Wege- und Straßenbau sind zwingend Bauaufsichtsamt, Stadtplanungsamt und Verkehrspolizei hinzuzuziehen und die Erlaubnis der Nutzung bei der Abnahme unbedingt einzuholen.

- Die bei umfangreichen Vorhaben ist die zu nutzende Brandschutzordnung nachweislich vor der Abnahme von der Feuerwehr zu bestätigen.

- Das Landesamt für Arbeitsschutz, Gesundheitsschutz und technische Sicherheit fordert besonders für den Probebetrieb einen bestätigten SIGE-Plan.

- Das Vermessungsamt fordert einen bestätigten vermessenen Lageplan.

- Sonstige staatliche Behörden prüfen je nach territorialer Zuordnung und jeweiliger struktureller Gliederung als untere, höhere oder oberste Behörde die Einhaltung der jeweils geltenden spezifischen gesetzlichen Bestimmungen, Richtlinien oder Normen. Beispiele sind: Ordnungsamt, Tiefbauamt, Denkmalschutz, Landschaftsschutz

Mängel

2

2.1 Allgemein

2.1.1 Grundlagen

Mängel sind die Hauptursache für Störungen der Abnahme, weshalb auch auf die gesetzlichen Grundlagen zu achten ist. Nach BGB § 631 wird der Auftragnehmer durch den Werkvertrag zur Herstellung des versprochenen Werkes verpflichtet. Nach VOB/B § 1 wird die auszuführende Leistung nach Art und Umfang durch den Vertrag bestimmt.

Nach dem **BGB § 633** liegt ein Sachmangel vor, wenn das Werk nicht die nach Vertrag vereinbarte Beschaffenheit aufweist. Dabei ist die vertraglich vereinbarte Beschaffenheit entscheidend, auch wenn sie höhere Qualitäts-Ansprüche als die allgemein gültigen Regeln der Technik stellt.

„Ist die Beschaffenheit nicht definiert, ist das Werk sachmängelfrei, wenn das Werk

- sich für die nach Vertrag vorausgesetzte Verwendung eignet
- sonst für die gewöhnliche Verwendung eignet und eine Beschaffenheit aufweist, die bei Werken der gleichen Art üblich ist und der Besteller nach der Art des Werkes erwarten kann".

Nach einem Vertrag nach **VOB/B § 13** liegt ein Sachmangel vor, wenn das Werk nicht die nach Vertrag vereinbarte Beschaffenheit aufweist und nicht den anerkannten Regeln der Technik entspricht. Dabei ist die vertraglich vereinbarte Beschaffenheit entscheidend, auch wenn sie höhere Qualitäts-Ansprüche als die allgemein gültigen Regeln der Technik stellt.

© Springer Fachmedien Wiesbaden GmbH, ein Teil von Springer Nature 2018
K. Micksch, *Vorbereitung und Durchführung von Bauabnahmen*, essentials,
https://doi.org/10.1007/978-3-658-23799-8_2

Ist die Beschaffenheit nicht definiert, ist das Werk sachmängelfrei, wenn das Werk

- sich für die nach Vertrag vorausgesetzte Verwendung eignet
- sich für die gewöhnliche Verwendung eignet und eine Beschaffenheit aufweist, die bei Werken der gleichen Art üblich ist und der Besteller nach der Art des Werkes erwarten kann.

2.1.2 Wesentliche und unwesentliche Mängel

Nach BGB § 640 (1)[2] kann die Abnahme wegen unwesentlicher Mängel nicht verweigert werden. Nach VOB/B § 12 (3) kann die Abnahme wegen wesentlicher Mängel bis zur Beseitigung abgelehnt werden.
Wesentlich

- sind alle Mängel einer Leistung, wenn die vertraglich vereinbarte, sachlich definierte Eigenschaft zum Zeitpunkt der Abnahme nicht nachgewiesen werden kann.
- ist das Nichterreichen von Mindestforderungen der Regeln der Technik und der spezifischen zweckbestimmten Normen
- ist bei einem Mangel, wenn das Risiko für später auftretende Schäden vermutet werden kann und das Auftreten wahrscheinlich ist

Unwesentlich

- sind Mängel, die keinen Einfluss auf die vertraglich vereinbarten Eigenschaften und Funktionen haben
- ist ein Mangel, der durch fehlende oder mangelhafte Mitwirkung des Auftraggebers oder seiner Kooperationspartner und Planer zurückzuführen ist
- einfach, geringwertig, ohne besonderen Aufwand beseitigbar sind

2.2 Sachmängel

2.2.1 Beschreibung

Die bei Abnahmen erklärten Mängel führen oft zum Abbruch der Protokollierung, auch wenn die Begründungen fraglich sind. Grundsätzlich sind die Leistungen nach Vertrag und nach den Regeln der Technik auszuführen. Dabei ist zu beachten:

Die allgemein anerkannten Regeln der Technik verkörpern:

- den aktuellen Stand der technischen Wissenschaften für die geeigneten und allgemein anerkannten Lösungen in der Praxis
- die aktuell von den Ingenieuren, Technikern und Handwerkern in der Praxis als geeignet und anerkannt nützlich verwendbare Lösungen für Bau- und Ausrüstungsleistungen
- nicht gesetzliche Bestimmungen oder schriftlich definierte Normen, die ggf. veraltet sind

Das bedeutet, dass DIN-, VDE-, VDI-, CEN/CENELEC-Normen, ETB-, UVV-, DVGW-, und Herstellerrichtlinien keinen Gesetzescharakter besitzen. Werden diese aber Teil des Vertrages, sind sie für den ausführenden Unternehmer bindend. In vielen Fällen, insbesondere bei Fragen der Energieeinsparung und des damit verbundenen Brandschutzes hielten die Normen nicht Schritt mit den praktischen Erfahrungen, also den Regeln der Technik.

Hauptursachen sind:

- Mangelhafte oder geänderte Planungsdokumentation der Planer, Dienstleistungsfirmen, Gutachter, Behörden
- Mängel der Material-, Ausrüstungs-, Betriebsmittel-, Lieferfirmen oder Verleihfirmen, die zur Beseitigung im Rahmen vereinbarter Garantien verpflichtet sind.
- Mangelhafte Arbeitsleistungen des Auftragnehmers wegen fehlender Qualifikation, Eignung, Haltung oder Arbeitsmittel

2.2.2 Bauleistungen

Typische Mängel bei Bauleistungen sind:

- Mängel des Bodengutachtens wegen ungenügender Dichte der Messpunkte bzw. Flächen und Tiefen
- Feststellung nicht verdichtbarer Böden oder Reste von Bebauung, Fundamenten und Leitungen, Einsatz ungeeigneter Erdstoffe für Fundamente
- Fehlende Betonqualität, Risse im Beton bis zur Bewehrung, was eine aufwendige Sanierung erfordert

- Nichteinhaltung der geplanten Raummaße, was zur Begrenzung der Nutzung führt
- Ungeeigneter Fußboden für die geplante Nutzung für vibrierende Maschinen, nicht rutsch-hemmende Böden für den Besucherverkehr, fehlender antistatischer Fußboden in medizinischen OP-Räumen und Labors oder fehlende Dachdichtung
- Planungsunterlagen, die nicht den aktuell anerkannten Regeln der Technik entsprechen

Besonders umfangreich wird die Feststellung von Mängeln bei der Abnahme von Funktionseinheiten einschließlich Steuerung und Qualitätskontrolle der Produkte. Die vielen unterschiedlichen Elemente, deren ordentliches Zusammenwirken nachzuweisen ist, erfordert neben stabilen baulichen Voraussetzungen einen technologisch genau getakteten Ablauf bei gleichzeitig gewährleisteter Arbeitssicherheit, was dann bei Abnahmen nachzuweisen ist (siehe Abb. 2.1).

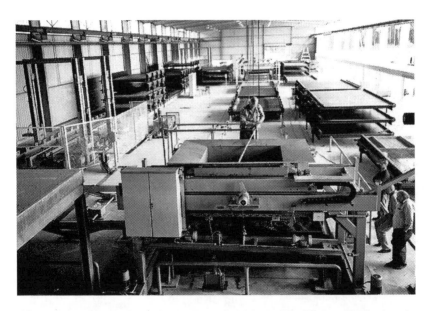

Abb. 2.1 Vor der Abnahme der Fertigung von Leichtbeton-Wandplatten. (Quelle: Autor)

2.2.3 Elektroanlagen

Häufige Mängel bei Elektroanlagen sind:

- Überlastung von Kabeln und Leitungen, verbunden mit Überhitzung, Beschädigung der Isolierung und der Kontakte
- Fehlende oder unzureichende Erdung wegen zu hohem Erdungswiderstand, fehlender oder zu geringer Potenzialausgleich, unzureichender Blitzschutz für Gebäude-, Wind- Thermosolar- und Fotovoltaik- Anlagen
- Nicht planungsgerechte Funktion von Schalt-, Steuer- und Regelungsanlagen
- Störungen in Schwachstromleitungen durch Induktion, verursacht durch Stromstöße in benachbarten Starkstromleitungen
- unzureichende Abstände zwischen spannungs- führenden Teilen, insbesondere bei Mittel- und Hochspannung
- Störungen in Kommunikationsanlagen durch Fremdeinfluss, Eindringen Dritter in Rechner, PC und Handys
- Störungen bei extrem langen Erd-Kabelverbindungen mit vielen Nutzern, was besonders bei Steuerungs-, Signal- und Sicherungsverbindungen für die Abnahme beteiligter Einrichtungen unbedingt abgewendet werden muss (siehe Abb. 2.2).

Abb. 2.2 Erneuerung mangelhafter Steuerkabel-Verbindungen in der Wüste. (Quelle: Autor)

2.2.4 Haustechnik

Mängel bei der Haustechnik sind zum Beispiel:

- Planungsmängel, die zu einer mangelhaften Leitungs- und Kanalverlegung, fehlendem Schallschutz und mangelndem hydraulischen Abgleich führen können
- Undichte Leitungen, Flansche und Armaturen, Verwendung ungeeigneten Materials
- Nichterreichen der geplanten Schalt- Steuer- und Regelbarkeit der eingesetzten Geräte für Heizung, Lüftung, Wasserbereitung und technologische Einrichtungen
- Fehlender Nachweis der Säuberung, Spülung und Druckprüfung von Gas- und Trinkwasserleitungen und -Armaturen, fehlender Dichtheitstest für Leitungen und die Gebäudebe- und -entlüftung
- Fehlende Säuberung bzw. fehlende Filter bei Zu- und Abluft-Anlagen
- Fehlende Zertifikate, Prüfbescheinigungen, Gewährleistungsbedingungen für Geräte und Leitungen

2.3 Rechtsmängel

2.3.1 Allgemeines Recht

Ist die Beschaffenheit des Werks nicht vereinbart, dann ist es nach BGB § 634 frei von Rechtsmängeln, wenn Dritte in Bezug auf das Werk keine oder nur die im Vertrag übernommenen Rechte gegen den Besteller geltend machen können

Rechtsmängel können ggf. auftreten, wenn

- der Besteller den Einsatz von Materialien und Geräten von Dritten zulässt, diese mangelhaft sind und der ausführende Unternehmer keine Bedenken anmeldete und ohne Prüfung einsetzte, ohne das zu dokumentieren
- der Planer Entwurfs- oder Ausführungspläne oder technische Lösungen auf Empfehlung des Bauherrn von Dritten verwendet, ohne vorher die möglichen Urheberrechte oder deren vertragsgerechte Verwendbarkeit geprüft zu haben.
- im Bauvertrag zwischen Verbraucher und Unternehmer wesentliche Forderungen des BGB §§ 650i bis 650k fehlen und nicht erfüllt werden, was besonders

die ausführliche Leistungsbeschreibung und die Wirkung fehlender Kenntnis fiktiver Abnahmen betrifft.

- bei der rechtsgeschäftlichen Abnahme vertretungsberechtigte Personen seitens Auftraggeber oder Auftragnehmer fehlen, bzw. keine zur Unterzeichnung des Abnahmeprotokolls ausdrückliche schriftliche Vollmacht vorgelegt wird

Das Auftreten von Rechtsmängeln bei der Abnahme ist aber nur in den seltensten Fällen zu erwarten, wenn eine ausreichende Beweissicherung für vertragsrelevante Änderungen im Bauablauf gewährleistet wurde.

Da die rechtsgeschäftliche Abnahme aber wesentliche Fragen der Finanzierung, des Eigentums, der Gewährleistung und der rechtlichen Folgewirkungen betrifft, ist sie von der technischen Abnahme getrennt zu betrachten und nur vom Auftraggeber oder seinem direkt dazu Bevollmächtigten zu behandeln und zu unterzeichnen. Schließlich wird mit der Unterschrift bestätigt, dass der Vertrag erfüllt wurde, der Anspruch auf die Schlusszahlung entsteht, die Verjährungsfrist für die Mängelbeseitigungsansprüche beginnt.

2.3.2 Offene Forderungen der Prüfingenieure

Da die Prüfingenieure behördliche Aufgaben erfüllen, sind ihre Forderungen baurechtlich zu behandeln. Sind die gestellten Forderungen und Auflagen nicht erfüllt, kann die Abnahme bis zur Erfüllung oder den rechtlichen Verzicht der Behörde verzögert werden.

Hauptgebiete möglicher zu klärender Rechtsmängel sind

- Brand- und Schallschutz,
- Energieeinsparung und Nutzung erneuerbarer Energien
- Umwelteinflüsse durch das Vorhaben
- statisch offene oder geänderte Flächenbelastungen,
- Vorhaben mit Auswirkungen auf die Nachbarbebauung
- Geänderte kommunale Rechtsnormen

Deshalb ist es wichtig, diese möglichen rechtlichen Fragen mit der Behörde rechtzeitig vorher abzuklären und zu protokollieren.

Fordert die Landesbauordnung eine öffentlich-rechtliche Abnahme oder Teilabnahme von bestimmten Bauvorhaben, besonders bei Industrieanlagen mit erheblichen Wirkungen auf Umwelt und regionale Bedingungen, so hat der eingesetzte Architekt/Objektüberwacher die notwendigen Anträge zur Teilnahme für den Auftraggeber an die zuständige Baubehörde einzureichen. Außerdem hat er notwendige Nachweise zur Mängelfreiheit und zur Erfüllung der Auflagen nach HOAI Anlage 10.8 auf Anfrage zu übergeben und an der Abnahme teilzunehmen.

2.3.3 Fehlende Festlegungen im Vertrag

Nach BGB § 157 sind Verträge so auszulegen, wie Treu und Glauben mit Rücksicht auf die Verkehrssitte es erfordern.

Sind aber im Vertrag die Vertragsart, die Beschaffenheit, die Nutzung, die Qualität und die Parameter der Anlagen, Termine und Gewährleistung nicht klar definiert, ergibt sich ein fast rechtsfreies Feld, das bei der Abnahme zu großen Schwierigkeiten führt.

Deshalb ist im Rahmen der Vorbereitung der Abnahme durch eine geeignete Beweissicherung Klarheit zu schaffen. Dazu gehören besonders:

- Protokolle, in den die fehlenden Angaben ergänzt und vom Bauherrn bestätigt werden
- Funktionsproben mit dem Nachweis erreichter Ergebnisse mit beidseitiger Bestätigung
- Aufforderung an den Planer, die Unterlagen mit Parametern, Maßen, Eigenschaften zu ergänzen, die Ergebnisse der Bauüberwachung vor der Abnahme mitzuteilen
- Prüfung des Vertrages durch einen Rechtsanwalt auf nicht zugelassene Verwendung unseriöser Bedingungen für die Abnahme

Ist der Auftraggeber ein Verbraucher ist im Vertrag auf die besonderen Informationspflichten nach BGB §§ 650 i bis n zu achten, insbesondere zu Baubeschreibung, Zeitpunkt des Baubeginns und des Bauendes, Widerrufsrecht, Unterlagen und Abschlagszahlungen.

Die vertragsrechtliche Situation wird sich bei Einführung des „Building Information Modeling" (BIM) für Abnahmen wesentlich verändern:

- Das Projekt wird bei der Abnahme im gesamten Lebenszyklus des Vorhabens und in der gesamten Wertschöpfungskette, von dem Entwurf bis zur Nutzung und ggf. auch bis zum Rückbau bewertet
- Zulieferer werden mit dem Angebot ein Schnittstellen- bzw. Austauschformat „Industry Foundation Classes" (IFC) als kompatible Datensätze nach ISO 16739 liefern, was bei Abnahmen dann verwendet werden kann

- Der verlinkte BIM-Datenaustausch von Bauwerksmodellen und Leistungsverzeichnissen nach der Richtlinie DIN SPEC 91350 enthält dann auch Vertragsklauseln

- Für die Beteiligten ist es wichtig, sich auf die sich ändernden Bedingungen vorzubereiten. Architekten werden einen höheren Aufwand zu bewältigen haben, weil sie bei BIM den gesamten Ablauf zu entwerfen und zu vertreten haben.

- Arbeitsmittel werden zunehmend 3D-Modellierung, Visualisierung, Raum- und Fachmodelle mit kompatibler Software werden.

Durchführung der Abnahme

3.1 Teilnehmer

Die üblichen Teilnehmer an der Abnahme ergeben sich aus der jeweiligen Verantwortung für die folgende Nutzungsphase des Werkes, soweit nicht Umfang und Komplexität weitere Teilnehmer, Gutachter u. a. erfordern. Dazu gehören bei komplexen Vorhaben in der Regel:

- Bauherr
- bevollmächtigter Bauüberwacher, Planer, Architekt mit der Abnahmeempfehlung
- bevollmächtigter Vertreter des ausführenden Unternehmens mit dem Werkszeugnis
- Vertreter der zuständigen Bau- bzw. Genehmigungsbehörde zur Kontrolle der Auflagen und der Festlegungen der Landesbauordnung
- Vertreter des Bedienungs-, Wartungs- und Versorgungspersonals
- Vertreter direkt beteiligter Kooperationspartner und Versorgungsunternehmen
- Feuerwehr, Polizei, Spezialisten des Arbeits- und Gesundheitsschutzes

Bei kleineren Vorhaben, abgrenzbaren Leistungen ohne zu erwartende Mängel oder Störungen genügt es häufig, dass Beauftragte des Bestellers und des Unternehmens die Abnahme durchführen und protokollieren.

Bei Verbraucherbauverträgen sollten jedoch vom Verbraucher Sachkundige einbezogen werden.

Die Teilnahme aller Spezialisten ist besonders bei komplexen Vorgängen notwendig, bei denen bereits vorher viele Teilabnahmen erfolgten, die richtige Funktion aber erst im endgültigen Zusammenwirken der beteiligten

© Springer Fachmedien Wiesbaden GmbH, ein Teil von Springer Nature 2018
K. Micksch, *Vorbereitung und Durchführung von Bauabnahmen*, essentials,
https://doi.org/10.1007/978-3-658-23799-8_3

Abb. 3.1 Aufsetzen einer gebogenen Stahlbrücke auf die Lager. (Quelle: Autor)

Elemente nachweisbar ist. So ist das Zusammenwirken von Betonbau und Stahl-konstruktionen und deren unterschiedliche Maßbedingungen für Lager vor Mon-tagen und Abnahmen dringend zu prüfen (siehe Abb. 3.1).

3.2   Abnahmeablauf

Der Abnahmeablauf ist durch folgende Etappen gekennzeichnet, die Gegenstand eines Ablaufplanes sein sollten:

- Feststellung: Einladung vom … zum …
- Teilnahmebestätigungen liegen vor von …
- Kontrolle der Sicherheit des Abnahmebereiches vor möglichen Stö-rungen durch Dritte, Eindringen und Gefährdungen Unbeteiligter und Beschädigungen
- Feststellung der Anwesenheit aller erforderlichen Vertreter beider Seiten, bei Abwesenheit wesentlicher Teilnehmer Nachfragen und Protokollierung not-wendig
- Vorstellung der Mitwirkenden und der Gäste mit Firma, Name, Funktion

- Feststellung der Verantwortlichen, dass
  - die Abnahmedokumentation vollständig vorliegt
  - der Auftraggeber ausreichend Zeit zur Mängelfeststellung hatte
  - bisherige Tests, Funktionsnachweise, Probebetriebe erfolgreich waren
  - keine wesentlichen, die Funktion beeinflussende Mängel vorliegen
- Treten Einwände von Teilnehmern auf, sind diese zu klären. Kann keine Einigung erzielt werden, sind Einwand und Antwort wörtlich zu protokollieren für eine später folgende Klarstellung, um die Abnahme zu gewährleisten.
- Information über den weiteren Ablauf gemäß Einladung bzw. Aktualisierung von
  - Begehungen mit Hinweisen auf Weg und Randbedingungen
  - Erläuterung der Funktionen und Schnittstellen
  - Vorführung ausgewählter Tests, Funktionsnachweisen, Probebetrieben
- Auswertung, abschließende Verhandlung und Vorbereitung der Protokollierung durch den vorher vereinbarten, möglichst im Vertrag definierten Protokoll-Führer
- Vorlesen und Unterzeichnen des Protokolls bzw. Feststellung der Weigerung mit Begründungstext und Antwort
- Information über den Verteiler des Protokolls

Abnahmeprotokoll

4

4.1 Verantwortliche für Unterzeichnung

Wegen der rechtlichen, technischen und funktionellen Wichtigkeit der Protokollunterschrift sind im Protokoll anzugeben:

- Bauherr: Firma: Firmenname lt. Handelsregister, Unternehmensform, Adresse, Vorstand/Geschäftsführer/Bevollmächtigter/Funktion, Name, Vorname, erreichbar per Telefon, Mobil, online, ggf. Homepage
- Verbraucher: Name, Vorname, Adresse, erreichbar per Telefon, Mobil, online, ggf. Dienststelle
- Ausführendes Unternehmen: Firmenname lt. Handelsregister, Unternehmensform, Adresse, Vorstand/Geschäftsführer/Bevollmächtigter/Funktion, Name, Vorname, erreichbar per Telefon, Mobil, online, ggf. Homepage

Unterschriften nur zur Kenntnisnahme sind üblich für:

- Vertreter einer öffentlich-rechtlichen Institution: Name der Behörde, Adresse, Name, Vorname, Funktion, Telefonnummer
- Sonstige: Firma/Gewerbe, Firmenname lt. Handelsregister bzw. Handwerkskammer, Unternehmensform, Adresse, Vorstand/Geschäftsführer/Bevollmächtigter/Funktion, Name, Vorname, erreichbar per Telefon, Mobil, online, Ort, Datum, Uhrzeit der Unterschriften

© Springer Fachmedien Wiesbaden GmbH, ein Teil von Springer Nature 2018
K. Micksch, *Vorbereitung und Durchführung von Bauabnahmen*, essentials,
https://doi.org/10.1007/978-3-658-23799-8_4

4.2   Definition des Abnahmebereiches

Der Abnahmebereich ist durch folgende Punkte zu präzisieren, weil sich im Ablauf des Gesamtvorhabens Änderungen ergeben könnten:

- Erfasste Flächen und Räume, die Gegenstand der Begehung, der Tests, Funktionsnachweise oder des Probetriebes werden, Gefahrenstellen und nicht betroffene Räume sind besonders zu kennzeichnen
- Vertragsbasis: Vertrag zwischen Besteller und Unternehmen vom ... mit Leistungsdauer Soll ... Ist, Abnahme-Termin Soll und Ist ...
- Vorhabenbezeichnung, Objekt, Leistungsart
- Leistungsbereich nach Vertrag, Leistungsbeschreibung, Leistungsverzeichnis
- Planungsbasis mit zwischenzeitlichen Änderungen, Protokollierungen
- Definierte Schnittstelle für die Abnahme: räumlich, funktionell, gegenüber Objekten des Bestellers, Dritten oder Versorgungsunternehmen mit präziser örtlicher Begrenzung per Armatur, Anschlussklemme, Abstand o. ä.
- Bisher erfolgte bzw. während der Abnahme vorzuführende Tests, Funktionsnachweise oder Probebetriebe mit Angabe der Ergebnisse und der Mitwirkung Dritter

4.3   Definition möglicher Mängel und Restleistungen

4.3.1   Darstellung

Für die bei der Abnahme festgestellten Mängel und die ggf. auch damit verbundenen Restleistungen sind mindestens anzugeben:

- Sachliche Beschreibung des Mangels, der Restleistung
- Ort, Umfang, Datum, Uhrzeit, Umstand der Feststellung
- Ursachen und Wirkungen, mögliche Störungen
- Verursacher: Mitwirkungsleistung des Bestellers, Arbeitsleistung des Unternehmers, Verursachung durch Dritte, deren verantwortliche Zuordnung zu erfolgen hat
- Verantwortlicher für die Mängelbeseitigung, Realisierung der Restleistung
- Termin für die Mängelbeseitigung bzw. Fertigstellung
- Auswirkungen des Mangels: Kostennachlass, Preisminderung, Gewährleistungsfrist beginnt nach Mängelbeseitigung, Schlussrechnung wird fällig/ nicht fällig

- Baufreiheit für Folgeleistungen Dritter ist gegeben/nicht gegeben
- Mängel bzw. Restleistungen sind wesentlich und verhindern die Abnahme/ sind unwesentlich und erlauben die Abnahme
- Abnahme erfolgt unter Vorbehalt der Mängelbeseitigung und der Restleistungen

4.3.2 Planungsmängel

Bei der Abnahme zeigen sich häufig Mängel, die auf Fehler der Planungsingenieure und Architekten zurückzuführen sind. Bei der Behandlung dieser Mängel oder Restleistungen ist zu beachten:

- Für Architekten- und Ingenieurverträge gilt seit 1.1.2018 nach BGB § 650q das Werkvertragsrecht und die §§ 650 b, e bis h.
- Die HOAI enthält die Entgeltberechnungsregeln, die zu vereinbaren sind. Für Ab- nahmen aber wird für Gebäude besonders die Anlage 10 mit den Leistungsinhalten der Leistungsphase 8 wesentlich, wenn diese vereinbart wurde.
- Im Vordergrund steht die Baubetreuungspflicht zur Überwachung der Einhaltung der zum Zeitpunkt der Abnahme geltenden allgemein anerkannten Regeln der Technik.
- Zu beachten ist dabei aber die gesamtschuldnerische Haftung des Architekten und Ingenieurs mit dem bauausführenden Unternehmen nach BGB § 650 t: Nimmt der Besteller den Bauleiter/Objektüberwacher (Architekt, Ingenieur) wegen eines Überwachungsfehlers in Anspruch, der zu einem Mangel an dem Bauwerk oder an der Außenanlage geführt hat, kann dieser die Leistung verweigern, wenn auch der ausführende Bauunternehmer für den Mangel haftet und der Besteller dem ausführenden Unternehmer noch nicht erfolglos eine angemessene Frist zur Nacherfüllung bestimmt hat.

Typische Planungsmängel sind:

- Fehlende Berücksichtigung sich geänderter aber zu realisierende technischer Anforderungen, besonders statische Mängel bei Stahlkonstruktionen (Profile, fehlende oder ungeeignete Winkelverbindungen, falsche Lastberechnungen bei fehlender Berücksichtigung von Thermosolaranlagen-Lasten u. a.) (siehe Abb. 4.1).

Abb. 4.1 Abnahme der Hallen-Stahlkonstruktion vor dem Verkleiden. (Quelle: Autor)

- Fehlende, unklare oder falsche Darstellung der Schnittstellen aus funktioneller, örtlicher oder ablaufbezogener Sicht
- Fehlende Baubetreuung, verbunden mit zu später Reaktion auf Baumängel, die ggf. sogar verdeckt wurden

Im Falle, dass während der laufenden Ausführung sich diese Mängel häufen, sind rechtzeitig geeignete Schritte erforderlich, weil derartige Mängel bei der Abnahme zu langen Verzögerungen, Schadenersatzforderungen und anderen Störungen führen kann, weil die resultierenden sachlichen und rechtlichen Wirkungen sich bei den ausführenden Unternehmen äußern.

4.3.3 Ausführungsmängel

Die Beseitigung o. g. Sachmängel, die bis zur Abnahme nicht erfolgt ist, sollte vom Auftraggeber vorbehalten werden. Einem Sachmangel steht es gleich, wenn der Unternehmer ein anderes als das bestellte Werk oder das Werk in geringer Menge erstellt hat.

Der Besteller hat nach BGB § 634 bei Mängeln das Recht,

* Nacherfüllung nach BGB § 635 zu verlangen, der Unternehmer kann den Mangel nach seiner Wahl beseitigen, hat alle Aufwendungen zu tragen, kann sie aber verweigern, wenn sie nur mit unverhältnismäßigen Kosten möglich wäre
* nach erfolgloser Forderung und nach angemessener Frist die Mängelbeseitigung selbst vorzunehmen, nach BGB § 637 vom Unternehmer für die Aufwendungen einen Vorschuss und den Ersatz der erforderlichen Aufwendungen zu verlangen
* von dem Vertrag zurückzutreten
* die Vergütung zu mindern
* Schadenersatz oder den Ersatz vergeblicher Aufwendungen zu verlangen

Nach VOB/B § 13 gilt:

* Kommt der Auftragnehmer der Aufforderung zur Mängelbeseitigung nicht in der gesetzten Frist nach, kann der Auftraggeber diese auf Kosten des Auftragnehmers beseitigen
* Ist die Mängelbeseitigung für den Auftraggeber nicht zumutbar, unmöglich oder würde sie einen unverhältnismäßig hohen Aufwand erfordern und wird sie deshalb vom Auftragnehmer verweigert, so kann der Auftraggeber durch Erklärung gegenüber dem Auftragnehmer die Vergütung nach BGB § 638 mindern.

4.3.4 Mitwirkungsmängel

Ist das Werk vor der Abnahme infolge eines Mangels des vom Besteller gelieferten Stoffes oder infolge einer vom Besteller für die Ausführung erteilten Weisung untergegangen, verschlechtert oder unausführbar geworden, ohne dass ein Umstand mitgewirkt hat, den der Auftragnehmer zu vertreten hat, so kann dieser einen der geleisteten Arbeit entsprechenden Teil der Vergütung und Ersatz der in der Vergütung nicht inbegriffenen Auslagen nach BGB § 645 verlangen.

Ist der Mangel auf Mitwirkungsleistungen des Bestellers zurückzuführen, so haftet nach VOB/B § 13 (3) der Auftragnehmer, es sei denn er hat nach § 4 Bedenken angemeldet. Das gilt besonders für

- Mangelhafte Leistungsbeschreibung
- Anordnungen des Auftraggebers
- Vom Auftraggeber geliefert oder vorgeschriebene Stoffe oder Bauteile
- Beschaffenheit der Vorleistung eines anderen Unternehmens

Für Situationen dieser Art ist eine qualifizierte Beweissicherung mit Protokollierung der Feststellung mangelhafter Mitwirkung, Foto-Dokumentation von Vorgängen, die danach schwer nachvollziehbar sind, schriftlich abgegebene Bedenken-Anzeigen mit Empfangsbestätigung Verantwortlicher u. ä. abnahmesichernd.

Wirkungen der Abnahme

5

5.1 Gefahrenübergang

Der Unternehmer trägt nach BGB § 644 die Gefahr bis zur Abnahme des Werkes. Kommt der Besteller in Verzug der Annahme, so geht die Gefahr auf ihn über. Für den zufälligen Untergang und eine zufällige Verschlechterung des vom Besteller gelieferten Stoffes ist der Unternehmer nicht verantwortlich.

Mit der Abnahme geht nach VOB § 12 (6) die Gefahr auf den Auftraggeber über.

5.2 Vorbehalte

Nimmt ein Besteller ein mangelhaftes Werk ab, obschon er den Mangel kennt, so stehen ihm die in BGB § 634 bezeichneten Rechte nur zu, wenn er sich seine Rechte wegen des Mangels bei der Abnahme vorbehält.

Das erfordert eine genaue Definition des Sachmangels, des Verursachers und eine konkrete Forderung zur Mängelbeseitigung.

Zeigt sich innerhalb von 6 Monaten nach dem Gefahrenübergang ein Sachmangel, dann wird nach BGB § 477 vermutet, dass die Sache bereits bei Gefahrübergang mangelhaft war, es sei denn, diese Vermutung ist mit der Art der Sache oder des Mangels unvereinbar.

Nach VOB/B § 12 (5).3 hat der Auftraggeber wegen bekannter Mängel oder wegen Vertragsstrafen spätestens zum Zeitpunkt der Abnahme geltend zu machen.

© Springer Fachmedien Wiesbaden GmbH, ein Teil von Springer Nature 2018
K. Micksch, *Vorbereitung und Durchführung von Bauabnahmen*, essentials,
https://doi.org/10.1007/978-3-658-23799-8_5

5.3   Gewährleistungsfristen

Ist im VOB/B –Vertrag keine Verjährungsfrist vereinbart, gilt nach § 13 (4) für

Mängelansprüche für Bauwerke	4 Jahre
für andere Werke und Feuerungsanlagen	2 Jahre
Industrieelle Feuerungsanlagen	1 Jahr
für maschinelle, elektrotechnische Anlagen ohne Wartungsvertrag	2 Jahre
gerügte Mängelbeseitigung	2 Jahre

Nach BGB § 634 a verjähren die Ansprüche auf Mängelbeseitigung ab der Abnahme

- in 5 Jahren bei einem Bauwerk oder einem Werk, dessen Erfolg in der Erbringung von Planungs- oder Überwachungsleistungen hierfür besteht
- in 2 Jahren, bei einem Werk, dessen Erfolg in der Herstellung, Wartung oder Veränderung einer Sache oder in der Erbringung von Planungs- oder Überwachungsleistungen hierfür besteht
- in 3 Jahren in der regelmäßigen Verjährungsfrist nach BGB § 195, beginnend mit dem Schluss des Jahres, in dem der Anspruch entstanden ist
- 10 Jahre bei Rechten an Grundstücken und direkten Ansprüchen an Versicherer
- 30 Jahre bei arglistigem Verschweigen von Sachmängeln

Die Verjährung wird durch Erhebung einer Klage auf Leistung, auf Erteilung einer Vollstreckung o. a. Varianten der Rechtsverfolgung und Verurteilung

5.4   Fälligkeit der Schlusszahlung

Auch wenn der für die Abnahme Verantwortliche mit den Zahlungsvorgängen kaum belastet ist, besitzt er eine hohe Verantwortung für den erfolgreichen Abschluss der Leistungen, insbesondere durch

- Rechtzeitige Vorlage einer qualifizierten und prüffähigen Schlussrechnung, Begründung notwendiger Aufmaße, Protokollierung von Nachträgen u. a.
- Mitwirkung bei der Endabwicklung gegebener oder erhaltener Sicherheiten, Gewährleistungseinbehalten und noch zu tragender Kosten
- Nachweis der Mängelfreiheit

- Nachweis und Klärung der Beseitigung unwesentlicher Mängel bzw. Abwendung abnahme-hindernder Mängel, die Abnahme und Schlussrechnung verhindern
- Nach BGB § 650 g (3) ist die Vergütung (Schlussrechnung) zu entrichten, wenn der Besteller das Werk abgenommen hat oder die Abnahme nach § 641 entbehrlich ist und der Unternehmer dem Besteller eine prüffähige Schlussrechnung erteilt hat.
- Nach VOB/B § 14 ist die Schlusszahlung bei einer vertraglichen Ausführungsfrist von höchstens 3 Monaten spätestens 12 Tage nach Fertigstellung einzureichen, wenn nichts anderes vereinbart ist. Diese Frist wird um je 6 Werktage für je weitere 3 Monate Ausführungsfrist verlängert. Reicht der Auftragnehmer keine prüfbare Rechnung ein, kann sie der Auftraggeber auf Kosten des Auftragnehmers aufstellen.

Die vorbehaltlose Annahme der Schlussrechnung schließt Nachforderungen aus.

5.5   Abschluss der Leistungen

Mit der Abnahme erfolgt zwar der Gefahrübergang aber gleichzeitig beginnt der Verlust der Weisungsberechtigung im Leistungsbereich. Deshalb ist der Abschluss der Leistungen parallel zur Abnahme zu organisieren. Dazu gehören:

- Organisation der vollständigen Beräumung der Baustelle.
- Besenreine Übergabe genutzter Räume, Werkstätten und Lager.
- Kündigung aller für die Leistung abgeschlossenen Verträge für Dienstleistungen, Unterkünfte, Park- und Lagerflächen.
- Prüfung der zur Leistung abgeschlossenen Versicherungen.
- Übergabe der Unterlagen des Arbeits- und Gesundheitsschutzes für spätere Arbeiten am Bauwerk.
- Abschließende Protokollierung der Ordnungsmäßigkeit der Schnittstellen mit anderen Kooperationspartnern zur Abwendung „arglistig" verschwiegener Mängel, was Dritte häufig versuchen.
- Abschließende Protokollierung des Folgeeinsatzes der beteiligten Mitarbeiter.
- Bekanntgabe der Erreichbarkeit des Verantwortlichen für den Gewährleistungszeitraum.

Checklisten und Muster für die Abnahme

6

6.1 Checkliste 1 Vertrag

Nr	Inhalt	Bemerkungen
	Abnahme-Leistung	
1	BGB/Werk-, Bau-, Verbraucherbau-, Bauträgervertrag	
2	VOB/B, sonstige Vereinbarung, Behörden-Auflagen	
3	Hochbau, Tiefbau, Ausbau, Haustechnik	
4	Funktions-, Leistungsbeschreibung, Verfahren, Typ	
5	Leistungsverzeichnisse, Zeichnungen, Lastenheft	
6	Besondere technische Vertragsbedingungen u. a.	
7	Technisch-technologische Schnittstellen	
8	Mitwirkungspflichten des Auftraggebers	
9	Leistungsvolumen, Sicherheiten, Eigentumsnachweis	
10	Geforderte Beschaffenheit, Qualität, AG- Eigenschaften	
11	zu übergebende Nachweise, Tests, Prüfprotokolle	
12	Beginn-, Fertigstellungstermin, vereinbarte Dauer	
	Einzuladende Beteiligte	
13	Auftraggeber (AG), Firma, Verbraucher, Name, Funktion	
14	Auftragnehmer (AN) Firma, Name, Funktion	
15	Versorgungsunternehmen	
16	geschultes Bedienungspersonal, Aufgabenstellungen	
17	Versorgungsunternehmen, Kooperationspartner	

© Springer Fachmedien Wiesbaden GmbH, ein Teil von Springer Nature 2018
K. Micksch, *Vorbereitung und Durchführung von Bauabnahmen,* essentials,
https://doi.org/10.1007/978-3-658-23799-8_6

Nr	Inhalt	Bemerkungen
	Einladungsinhalt	
18	Leistungsvolumen lt. Vertrag	
19	Ort, Zeit, geplante Dauer	
20	bisherige Teilabnahmen, gemeinsame Leistungsprüfungen	
21	Verantwortlicher des AN für die Abnahme, Absender	
22	Aufforderung zur Erhalts- und Teilnahmebestätigung	
	Durchführung der Abnahme	
23	Förmliche, fiktive, wirksame Abnahme nach BGB/ VOB/B	
24	Feststellung der sachlichen und rechtlichen Mängelfreiheit	
25	Feststellung der Anwesenheit der notwendigen Vertreter	
26	Beschreibung des Leistungsvolumens gemäß Vertrag	
27	Vorführung der Anlagen in Betrieb	
28	Erläuterung der Schnittstellen, Sicherheitshinweise	
29	Nachweis der Vertragserfüllung in besonderen Positionen	
30	Bereitstellung der vereinbarten Ersatz- und Verschleißteile	
31	Angaben zum Abbau der Baustelleneinrichtung, Folgehilfen	

6.2 Checkliste 2 Organisatorische Vorbereitung

Nr	Inhalt	Bemerkung
	Prüfung der Voraussetzungen lt. Vertrag	
1	Welche Art fordert der Vertrag: BGB oder VOB/B	
2	Liegen Ablauf-, Kosten-, Personaleinsatzplan dazu vor	
3	Ist die Leistung lt. Vertrag nutzbar, AG-Mitwirkung gesichert	
4	Bestehen Mängel oder Restleistungen	
5	Liegt die Dokumentation zur Leistung und Nutzung vor	
6	Ist die Bereitstellung von Energie und Hilfsstoffen gesichert	
7	Ist der Arbeits- und Brandschutz gewährleistet	
8	Sind die Absperr- u. Sicherheitseinrichtungen ausreichend	
9	Ist das spätere Bedienungspersonal des AG ausgebildet	
10	Welche Gefährdungen bestehen bei dem Anlagenbetrieb	

Nr	Inhalt	Bemerkung
11	Sind Maßnahmen der 1. Hilfe vorzubereiten	
12	Ist die Entsorgung anfallender Abfallprodukte gesichert	
13	Ist die Lieferung der Ersatz- und Verschleißteile gesichert	
	Prüfung des Abnahmeablaufes	
14	Liegt ein Ablaufplan für Besichtigung und Prüfung vor	
15	Sind die einzelnen Etappen, Hilfen Dritter klar definiert	
16	Sind zum Betrieb der Anlagen dann notwendige Fachkräfte da	
17	Liegen für die Bedienung klare Aufgabenstellungen vor	
18	Sind die Anlagen-Parameter zur Vertragserfüllung definiert	
19	Sind Maßnahmen bei möglichen Störungen vorbereitet	
20	Sind alle erforderlichen Messmittel für die Tests vor Ort	
21	Sind die Antworten auf die Einladung vorhanden	
22	Erscheinen alle Eingeladenen bzw. Bevollmächtigte	
23	Wer weist die Beteiligten über den Ablauf ein	
	Durchführung	
24	Feststellung der Anwesenheit aller notwendigen Beteiligten	
25	Veranlassung der Tests, Prüfungen, Probeläufe	
26	Protokollierung der Test- und Prüfergebnisse, Bestätigung	
27	Feststellung der Parameter-Erreichung im Probebetrieb	
28	Feststellung der Mängelfreiheit, Freigabe zur Nutzung oder	
29	Definition der Mängel, Restleistungen, Termin Fertigstellung	
30	Unterzeichnung des Abnahmeprotokolls oder Verweigerung	
31		

Hierzu Muster Fertigmeldung, Muster Abnahmeaufforderung

6.3   Checkliste 3 Technische Vorbereitung

Nr	Inhalt	Bemerkung
	Bereitstellung allgemeiner Dokumente für die Abnahme	
1	Genehmigungsplanung mit Auflagen, Baugenehmigung	
2	zusätzliche, besondere technische Vertragsbedingungen	

Nr	Inhalt	Bemerkung
3	Ablauf-, Geräte-, Materialeinsatz-, Personaleinsatzplan	
4	Leistungsbeschreibung, Leistungsverzeichnisse,	
5	Baustelleneinrichtungs-, Be- und Entsorgungsplan	
6	Umwelt-, Schall-, Wärmeschutz- und Brandschutzgutachten	
7	Arbeits- Gesundheits- und Sicherheitsschutz plan	
8	Lageplan, Raumbuch, Pflichtenheft, Anlagen-Parameter	
9	Schriftwechsel, Beweissicherung für Änderungen, Werkszeugnis	
	Bauleistungen	
10	Baugrundgutachten, Verdichtungsnachweise, Belastbarkeit	
11	Maßnahmen zur Sicherung der Tragfähigkeit des Bodens, Statik	
12	Fundamentpläne, Bewehrungsdokumentation, Konstruktion	
13	Norm-Qualitätsnachweis für Beton, Betonwürfelprotokolle	
14	Ansichten, Schnitte, Materialbeschreibung, Zertifikate	
15	Liefer- und Qualitätsnachweise für übriges Baumaterial	
	Elektroanlagen	
16	Anschlussklemmen, Kabel-, Leitungsverlege-, Schaltpläne	
17	Vermessene Aufstellungspläne für Motoren, Trafos, Geräte	
18	Funktionsnachweis Potenzialausgleich, Erdung, Isolation	
19	Prüfprotokolle Regelverhalten, Sicherheits-, Schaltanlagen	
20	Freigabe Kabel, Leitungen, Schaltanlagen, Ex-Schutz	
	Haustechnik	
21	Vermessene Lagepläne der Leitungen und Aggregate	
22	Protokolle der Druckprüfungen, Dichtheitstest, Steuerung	
23	Nachweis der Erreichung der vertraglichen Parameter	
24	Qualitätsnachweise, Herstellerbescheinigungen	
	Abnahmedurchführung	
25	Bereitstellung aller erforderlichen Geräte und Materialien	
26	Information der Beteiligten über Ablauf, Sicherheit, Tests	
27	Begehung der Flächen, Räume, Anlagen, Dokumentation	
28	Vorführung der Funktionen, Probebetrieb, Parameter	
29	Protokollierung der Ergebnisse	

6.4 Checkliste 4 Störung

Nr	Inhalt	Bemerkung
1	**Beschreibung der Störung**	
1.1	Feststellung mit Zeit, Ort, Umstände, Zeugen, Nachweisen	
1.2	Vermutete Verursacher, Firma, Namen, Umstände allgemein	
1.3	Randbedingungen als mögliche Ursachen, Wetter, Beteiligte	
2	**Kurz-Bewertung von Ursache und Wirkung**	
2.1	Betroffene Sache, Wert, Besitzer, Zustand	
2.2	Fakten technisch, umwelt-, witterungsbedingt, rechtlich	
2.3	Verantwortung für Situation AG, Dritte, eigene Firma	
2.4	Dokumentation der möglichen Ursachen und Wirkungen	
3	**Anzeige nach Art der Störung**	
3.1	Anzeige erfolgt, Empfangsbestätigung, Antwort	
3.2	Behinderung, Bedenken, Mangel, Schaden, Unfall	
3.3	Diebstahl, Zerstörung, Einbruch, Vandalismus, Unterbrechung	
4	**Ursachen der Störung**	
4.1	Leistungsänderung, Nachtrag, Verzug der Leistung Dritter	
4.2	Höhere Gewalt, Notsituation	
4.3	Entscheidung, Einflussnahme Dritter	
4.4	definierte Vermutungen mit Bezug auf Regeln der Technik	
4.5	Nachweis des Empfangs der Anzeige	
4.6	Aufforderung der Störungsbeseitigung, Antwort mit Termin	
4.7	Einladung zur Behandlung vor Ort, Auswertung	
5	**Ermittlung der Auswirkungen**	
5.1	Schadenermittlung, Mehraufwand, Kostenschätzung	
5.2	Ablaufstörung, Verzug, Dauer der Beseitigung, Folgen Dritter	
5.3	Nachweis der eingeleiteten Schadenminimierung	
5.4	Prüfprotokolle, Testberichte, Gutachten, Zustandsbewertung	
6	**Beweissicherung**	
6.1	Foto-, Videonachweis mit Beteiligten	
6.2	Bautagebuch, Anzeigen, Mahnungen	

Nr	Inhalt	Bemerkung
6.3	Protokolle, Berichte mit Kopie und Übergabenachweisen	
7	**Rechtsweg**	
7.1	Nutzung VOB/A,B,C und/oder BGB	
7.2	Aufforderung und Klage nach Mahnung, Verhandlung	
7.3	Schiedsverfahren, Schlichtungsverfahren	

Absender:
Empfänger:

6.5   Musterformular Fertigmeldung

Vertrag vom:
   Auftrags-Nr. (Absender:
   Auftrags-Nr. (Empfänger):
   Vorhaben/Projekt/Objekt:
   Bauabschnitt:
   Leistung:

Unser zuständiger Bearbeiter: _____   Telefon: _____

                                        E-Mail: _____

Sehr geehrte Damen und Herren,
   hiermit zeigen wir an, dass die o. g. vertraglich vereinbarte Leistung am:

☐ vollständig erbracht wurde und abnahmefähig ist
☐ als abrechenbarer Teilabschnitt abnahmefähig fertig gestellt wurde
☐ zur Zwischenabnahme vorgestellt wird, da dieser Teil durch die weitere Bauausführung der Sicht bzw. der späteren Abnahme entzogen wird.
☐ im Rahmen der Mängelbeseitigung gemäß Abnahmeprotokoll fertig gestellt wurde
☐ Es fallen dafür keine Kosten mehr an
☐ voraussichtlich für folgende Leistungen noch Kosten an:

- Reinigung, Entsorgung: €
- Transport- und Kranleistungen für Beräumung: €
- vereinbart später zu realisierende Leistungen: €
- durch Dritte übernommene Leistungsanteile: €
- Mängelbeseitigung, die der Auftraggeber zu vertreten hat :   €
- sonstige: €

Als Abnahmetermin wird vorgeschlagen: Datum: Uhrzeit:
                                 oder   Datum: Uhrzeit:

Bitte bestätigen Sie uns innerhalb der angemessenen Zeit von 12 Tagen einen Abnahmetermin, weil wir bei Weigerung oder fehlender Antwort nach Ablauf dieser Zeit diese Leistung nach BGB § 640(2) bzw. VOB/B § 12 (5).1 als abgenommen betrachten.

Ort, Datum   Unterschrift, Funktion

Empfangsbestätigung:

Ort, Datum   Unterschrift, Firma, Funktion

Eine Durchschrift erhielten:

Absender:
               ☐
Empfänger:

6.6 Musterformular Mängelanzeige

Auftrags-Nr. (Absender):_____ Vorhaben/Projekt/ Objekt:
    Auftrags-Nr. (Empfänger):_____ Bauabschnitt:

Vertrag vom: Leistung:

Sehr geehrte Damen und Herren,
    wir haben festgestellt, dass folgende Leistungen mangelhaft und damit vertragswidrig sind:
    (Gewerk/Bauteil/Ort/Mangelangabe/Vertragsgrundlage):

☐ Arbeitsunterlagen
☐ Materiallieferung
☐ Ausrüstungsbereitstellung
☐ Arbeitsleistung

Wir fordern Sie hiermit auf, diese mangelhafte bzw. vertragswidrige Leistung durch mangelfreie und vertragsgemäße Leistung zu ersetzen. Das schließt die Beseitigung des bzw. den Ersatz für den von Ihnen verschuldeten Schaden ein.

Besorgen Sie dies bitte unverzüglich, spätestens bis zum:

Sollten Sie dieser Aufforderung innerhalb der gesetzten Frist nicht nachkommen, so werden wir ein anderes Unternehmen mit der Durchführung der Arbeiten beauftragen oder selbst realisieren. Ebenso werden wir etwaige entstehende Schadenersatzansprüche geltend machen (ggf. gemäß § 4 Nr. 7 VOB/B in Verbindung mit § 8 Nr. 3 VOB/B bzw. BGB § 634).

Gleichzeitig weisen wir Sie schon jetzt darauf hin, dass ohne Beseitigung des Mangels keine Abnahme erfolgen kann.

Obwohl die Entscheidung über die Art und Weise der Mangelbeseitigung bzw. Nacherfüllung nach BGB § 635 in Ihrer Verantwortung liegt, regen wir folgende Maßnahmen an:

Sollten Sie wegen der Mangelbeseitigung eine Besprechung wünschen, vereinbaren Sie bitte einen Termin mit Herrn/Frau _____zu erreichen unter Tel. _____

Mit freundlichen Grüßen

_____

Ort, Datum   Unterschrift

                        Name, Funktion

Verteiler:
Empfangsbestätigung:

6.7 Musterformular Abnahmeprotokoll

Protokoll Nr.:

☐ der vollständigen vertraglichen Leistung (Gesamtabnahme)
☐ der nachstehend aufgeführten Leistungsteile (Teilabnahme)

Vorhaben/Projekt: Projektabschnitt:

Leistungsart: Leistung:

Firma: Anwesende:

Das Angebot zur Abnahme/Fertigmeldung erfolgte am _____ zum _____ oder _____

Basis: Vertrags-Nr. _____ vom _____ Abschnitt:

Leistungsdauer: Soll: ___ Ist: ___ Fertigstellung: Soll: ___ Ist: ___Bestandteil des Abnahmeprotokolls sind folgende Dokumente, Protokolle u. a:

_____

_____

_____

_____

(weitere siehe Anlage)

☐ Die Abnahme erfolgte ohne Sach- und Rechtsmängel-Mängel am _____ und ohne Vorbehalte.

☐ Die Abnahme erfolgte:
  – ☐ mit folgenden Vorbehalten:
  – ☐ mit folgenden bis zu nachstehenden Terminen zu beseitigenden Mängeln und folgenden Restleistungen: _____

Leistung: Termin: Verantwortlich:

                                         (weitere siehe Anlage)

Sollten die Mängel und Restleistungen nicht bis zu diesem Termin bestätigt sein, wird der Auftraggeber die Mängelbeseitigung auf Kosten des Auftragnehmers selbst oder durch Dritte veranlassen.

Die Abnahme wird aus folgendem Grund verweigert:

_____

_____

Die Geltendmachung von Schadenersatz oder Vertragsstrafe wegen o. g. Gründen behält sich der Abnehmer vor.

Es wird Minderung/Kostennachlass für folgende nicht zu beseitigende Mängel vereinbart:

Mangel	Kostennachlass

Es fallen keine/noch folgende Leistungen und Kosten an:

Leistungen	Kosten

Die Gewährleistung

beginnt: ☐ nach der Mängelbeseitigung

             ☐ mit der heutigen Abnahme

endet: ☐ am:

             ☐ nach Ablauf von: __ Tagen/Wochen/Monaten am: ___

             ☐ nach Ablauf der vertraglichen Gewährleistungsfrist

Der Antrag auf Abnahme der Mängelbeseitigung/Nachbesserungsleistung
☐ wird mindestens 14 Tage vor dem Termin gestellt
☐ wird hiermit zum: ___ gestellt.
Die Baustelle wurde/wird bis: ____ vollständig beräumt.
Bemerkungen:
Anerkannt:

Ort, Datum

(Auftraggeber, Name, Funktion)   (Auftragnehmer, Name, Funktion)

(Bauherr, Name Funktion)   (Bauleitung AG, Name, Funktion)

Verteiler.

6.8   Muster Abnahmeordnung

Arbeiten Auftraggeber und Auftragnehmer an Großobjekten oder auf mehreren
Objekten, empfiehlt sich eine Abnahmeordnung, die auch gegenüber Dritten vertraglich vereinbart werden kann und die Abwicklung von Abnahmen erleichtert.
     Diese Abnahmeordnung gilt für alle Abnahmen der Leistungen im Rahmen
des Vertrages:
     zwischen Auftraggeber: _____
     und Auftragnehmer: _____

I. Allgemein

I.I Die Abnahme erfolgt für

- nach Vertrag abrechenbare Bauabschnitte und Leistungsbereiche gemäß Ablaufplan in der förmlichen Fassung nach BGB § 640 bzw. VOB/B § 12.(4), wenn nicht ausdrückliche anders vereinbart.
- nutzungs- und funktionsfähige Leistungsabschnitte
- abgestimmte und bewertete Leistungen zur Auslösung von Abschlagszahlungen

I.II Die Einladung zur Abnahme hat mindesten 10 Arbeitstage vor der geplanten Durchführung zu erfolgen und vorauszusetzen:

- Für nach Vertrag abzurechnende Leistungsbereiche ist vorher die projekt-, und qualitätsgerechten Realisierung vom Auftragnehmer zu bestätigen
- Für abrechenbare nutzungs- und funktionsfähige Leistungsabschnitte ist die Information über die erfolgreichen Funktionsproben und je nach Erfordernis auch des erfolgreichen Probebetriebes zu bestätigen
- Für vereinbarte Leistungsbewertungen ist der mengenbezogene Nachweis als Anteil an der Gesamtleistung des betroffenen Leistungsbereiches nachzuweisen.

II. Funktionsproben

II.I Sind vorher Funktionsproben oder ein Probebetrieb erforderlich, gilt:

- Die für Funktionsproben notwendigen Medien sind mindestens 1 Monat vor der Durchführung dem Auftraggeber bekannt zu geben und vom Verantwortlichen mindestens 2 Wochen vor Beginn bereitzustellen bzw. zu gewährleisten.
- Dazu gehören folgende Angaben: Energiebedarf: Art, Parameter, Menge, Bereitstellungstermin, Dauer der Nutzung
- Medien sind zu präzisieren: Art, Parameter, Menge, Bereitstellungstermin, Zeitdauer der Inanspruchnahme, Nutzungsgenehmigungen der Lieferer sind vorher einzuholen
- Die Entsorgung von Neben- und Abfallprodukten ist vorher zu organisieren. Zwischenprodukte sind zu präzisieren: Art, Parameter, Menge, Zeitpunkt des geplanten Anfalls der Zwischen- und Abprodukte
- Der Bedarf an Grund- und Hilfsmaterial ist zu definieren: Zeitpunkt des Bedarfs, Art, Parameter, Menge, Bereitstellungstermin, Dauer der Inanspruchnahme, erforderliche Bedingungen, Belastungen

- Sicherheitsmaßnahmen: Rettungsdienst, medizinische Bereitschaft, Sicherungs- und Löschbereitschaft sind zu gewährleisten
- Bereitzustellende Arbeitskräfte für Einweisung, Betreibung, Wartung, Instandhaltung sind nach Menge, Qualifikation, Eignung, Einsatzdauer, Einsatzbedingungen, Schichtregime vom Auftraggeber bereitzustellen
- Für die Funktionsproben und den Probebetrieb ist ein Weisungsberechtigter seitens des Auftraggebers zu benennen

II.II Dem Auftraggeber sind 4 Wochen vor Beginn der Funktionsproben die dazu geltenden Bedienungs-, Wartungs- und Instandhaltungsvorschriften, die Anforderungen an das Bedienungspersonal zu übergeben.

II.III Der Beginn der Funktionsproben bzw. des Probebetriebes setzt den Abschluss der dafür erforderlichen Leistungen voraus:

- Bauleistungen im Bereich der Funktionsproben
- Montageleistungen einschließlich erforderlicher Messungen und Tests
- Beräumung und Reinigung des Bereiches
- Verschließbarkeit bzw. Gewährleistung der Sicherheit des Bereiches

III. Abnahmevorbereitung

Für nutzungs- und funktionsfähige Leistungsabschnitte sind mindestens 2 Wochen vor der Abnahme vorzulegen:

- Protokolle der Messungen, das Ergebnis der Funktionsproben, vorangegangener Prüfungen des Bauaufsichtsamtes bzw. der Prüfingenieure
- Leistungsinhalte nach Leistungsbeschreibung, z. B. Bau, Elektrotechnik, Heizung, Lüftung, Tiefbau, Hochbau, Anlagenbau, Außenanlagen u. a.
- Aktuelle, ggf. handrevidierte Projektzeichnungen und Dokumentationen, Auflagen der Baugenehmigung
- Einladung zur Abnahme mit Zeitpunkt, Treffpunkt, Verantwortliche, Ablauf, Randbedingungen, Gefahren,
- Bestätigung der vollständigen Leistung, Werkszeugnis und Gewährsbescheinigung nach den aktuellen allgemein anerkannten Regeln der Technik bzw. auszuweisender Einhaltung von geforderten Normen durch den Auftragnehmer
- Hinweise auf erfolgte Aufmaße für Zusatzleistungen, Restleistungen u. a.

IV. Sonstige Dokumente

Für die Abnahme abrechenbarer Bauabschnitte, für die kein Funktionsnachweis und kein Probebetrieb erfolgen kann, sind folgende Dokumente 2 Wochen vorher vorzulegen:

- Nachweis der qualitätsgerechten Lieferungen durch Zertifikate, Überwachungszeichen, Konformitätsbestätigungen, Zulassungen
- Kontroll- und Messprotokolle zum Nachweis der Maßhaltigkeit und der vertraglich vereinbarten Eigenschaften, besonders für Wärmeschutz, Dichtheit, Lüftung, Heizung, Kühlung, Sicherheit und sonstiger vereinbarter Objekt-Beschaffenheit
- Erklärung zur qualitäts- und projektgerechten Ausführung einschließlich der Erfüllung der Anforderungen des Gesundheits-, Arbeits- und Brandschutzes, des Schall-, Natur-, Umwelt und Denkmalschutzes

V. Leistungsbewertung

Für eine vereinbarte Leistungsbewertung als zahlungsauslösende Aktion für die Abschlagszahlung ist vorzulegen:

- Schriftlicher Nachweis für die nachvollziehbare Berechnung des realisierten Leistungsanteils
- Ein gemeinsames Aufmaß für den Leistungsanteil
- Erfolgt eine Leistungsprüfung nach einer Abnahmeverweigerung nach BGB, dann ist eine ausführliche Protokollierung der Kontrollergebnisse und eine nachvollziehbare Dokumentation durch den Auftragnehmer vorzulegen.

VI. Abnahmedurchführung

Je nach Leistungsart und -umfang ergeben sich sehr unterschiedliche Abläufe, die aber für die unterschiedlichen Auftraggeber und Auftragnehmer spezifisch vereinbart werden können. Einheitliche Bedingungen sind:

- Bestätigung des Erhalts der vollständigen aktuellen Projektdokumentation
- Anwesenheit kompetenter Vertreter des Auftraggebers, Auftragnehmers, der Baubehörde, soweit zur Teilnahme entschieden, zur Bestätigung des abschließenden Protokolls
- Ausreichende Möglichkeit der gemeinsamen Besichtigung der Leistungen, Prüfung, Erprobung und der Qualitätskontrolle aller beteiligten Elemente

- Protokollierung der Ergebnisse mit kompetenter Unterschrift einschließlich Einigung zur Fälligkeit der Schlussrechnung und zum Beginn der Gewährleistungsfristen
- Besteht ein Anspruch auf Geheimhaltung von Angaben, ist das Verbot von Kopien zu vereinbaren mit dem Hinweis auf ggf. mögliche Schadenersatzforderungen

Im Abnahmeprotokoll sind außerdem darzustellen:

☐ Vollständigkeit und Qualität der gebrauchswertigen Leistung nach Vertrag
☐ Vollständigkeit der Dokumentation, ggf. Nachlieferung mit Termin
☐ Ausweis anerkannter Restleistungen mit Bewertung
☐ Ausweis unwesentlicher Mängel mit Verantwortung und Termin
☐ Erledigung aller Einsprüche, Anzeigen und Forderungen lt. Vertrag
☐ Anerkennung der Baufreiheit für ggf. notwendige Folgeleistungen Dritter
☐ Anerkennung des Anspruches auf die vertragsgerechte Rechnungslegung

- Für die kompetenten Vertreter sind anzugeben:

☐ Name und Vorname in Druckschrift, Funktion, Titel
☐ Name des Unternehmens und zuständiger Bereich, Datum
☐ Sind Vertreter von Behörden, Prüf- oder Kontrollorganen anwesend, gehören diese zur Teilnehmerliste. Sie können, sollten aber das Protokoll schriftlich zur Kenntnis nehmen.

- Erklärt eine Seite sich nicht unterschriftsbereit, ist das im Protokoll einseitig festzustellen und zu verteilen, um die Rechnungslegung zu veranlassen.

VII. Sonstiges

Neben o. g. gilt:

- Soweit nicht bereits im Vertrag vereinbart, sind mit der Abnahme die Gewährleistungszeiten nach BGB bzw. VOB/B zu vereinbaren.
- Für die folgende Nutzung ist ein SIGE-Plan vorzulegen
- Für die Ersatz- und Verschleißteilliste ist ein Liefernachweis mit Gewährleistungsanspruch vorzulegen
- Für eine Fortsetzung der Zusammenarbeit, Wartung, Instandhaltung ist eine gesonderte Vereinbarung abzuschließen. Hierzu:
  - Muster Fertigmeldung
  - Muster Abnahmeprotokoll
  - Check Vertrag
  - Check organisatorische Vorbereitung
  - Check technische Vorbereitung

Was Sie aus diesem *essential* mitnehmen können

- Hinweise, welche Neuerungen sich für Abnahmen aus dem aktuellen Baurecht und den Werk-, Bau- und Verbraucherbauverträgen ergeben.
- Informationen, welche Dokumente für die verschiedenen Bau- und Anlagenbau-Leistungen zur Abnahme vorzubereiten sind.
- Durchführung der organisatorischen und technischen Vorbereitung von Abnahmen Verhalten bei Sach- und Rechts-Mängeln sowie bei Störungen bei der Abnahme
- Was kommt nach der Abnahme?
- Was sich durch BIM ändern wird?
- Wie kann eine Abnahmeordnung die Abnahme vereinfachen?

© Springer Fachmedien Wiesbaden GmbH, ein Teil von Springer Nature 2018   51
K. Micksch, *Vorbereitung und Durchführung von Bauabnahmen,* essentials,
https://doi.org/10.1007/978-3-658-23799-8

Literatur

Micksch, K. (2009). *Praxiskompendium Bauprojekte*. Heidelberg: Müller.
Micksch, K. (2016). *Bauleitung im Ausland*. Wiesbaden: Springer Vieweg.
Micksch, K. (2017). *Die Bauleiterpraxis* (3. Aufl.). Berlin: VDE.
Micksch, K. (2018). *Der Fachbauleiter Elektrotechnik*. Berlin: VDE.

© Springer Fachmedien Wiesbaden GmbH, ein Teil von Springer Nature 2018   53
K. Micksch, *Vorbereitung und Durchführung von Bauabnahmen*, essentials,
https://doi.org/10.1007/978-3-658-23799-8

Printed in the United States
By Bookmasters